BIBLIOTHÈQUE DES ACTUALITÉS INDUSTRIELLES, N° 54

FABRICATION
DE
L'ACIDE SULFURIQUE

PROCÉDÉS DE CONTACT

PAR

EUGÈNE PETITGOUT
Ingénieur-Chimiste

Avec 10 figures dans le texte

PARIS
Librairie Bernard TIGNOL
PUBLICATIONS DE LA
LIBRAIRIE DE L'ÉCOLE CENTRALE DES ARTS & MANUFACTURES
53 *bis*, Quai des Grands-Augustins, 53 *bis*

1902

FABRICATION

DE

L'ACIDE SULFURIQUE

BIBLIOTHÈQUE DES ACTUALITÉS INDUSTRIELLES, N° 54

FABRICATION

DE

L'ACIDE SULFURIQUE

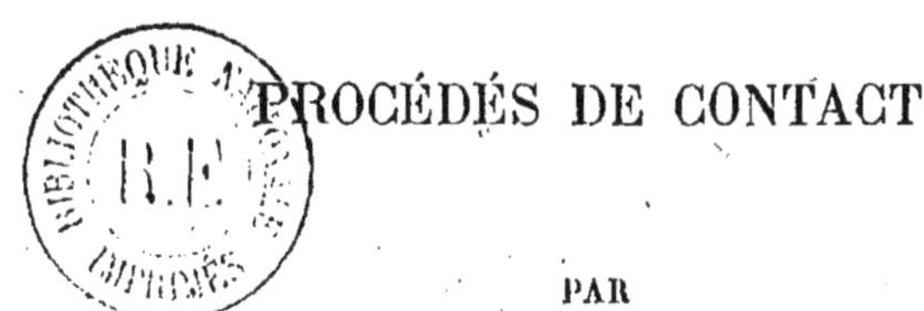

PROCÉDÉS DE CONTACT

PAR

EUGÈNE PETITGOUT
Ingénieur-Chimiste

Avec 10 figures dans le texte

PARIS
Librairie Bernard TIGNOL
PUBLICATIONS DE LA
LIBRAIRIE DE L'ÉCOLE CENTRALE DES ARTS & MANUFACTURES
53 *bis*, Quai des Grands-Augustins, 53 *bis*

1902

FABRICATION DE L'ACIDE SULFURIQUE

PAR LES PROCÉDÉS DE CONTACT

Historique

Le procédé de fabrication de l'acide sulfurique par procédé de contact a été l'objet de nombreuses recherches : les travaux de Winckler ont permis de réaliser un procédé de fabrication qui a reçu de nombreux perfectionnements tenus tous secrets. Enfin la publication des brevets de la *Badische Anilin und Soda fabrik*, a indiqué les nouveaux procédés réalisés.

En 1831, Perégrine Philips, fabricant de vinaigre à Bristol, prit un brevet pour la fabrication de l'acide sulfurique par l'intermédiaire de la mousse de platine : il brûlait du soufre ou des pyrites dans un four spécial, mélangeait l'acide sulfureux obtenu avec de l'air, et faisait passer le gaz dans des tubes de platine ou de porcelaine contenant du fil ou de la mousse de platine et maintenus à une certaine température.

L'anhydride sulfurique qui résultait de la combinaison de l'acide sulfureux avec l'oxygène de l'air était condensé dans des chambres cylindriques de 30 pieds de haut sur 8 de large, recouvertes de lames de plomb à l'intérieur et remplies jusqu'au sommet de morceaux de quartz. À la partie supérieure de ces chambres, on faisait couler une pluie fine d'eau ou d'acide sulfurique étendu, qui, rencontrant les vapeurs d'anhydride, les condensait et se concentrait d'autant. Cette eau se rassemblait au fond d'où elle était de nouveau pompée à la partie supérieure de la chambre, et ainsi plusieurs fois de suite jusqu'à ce que l'acide possède la concentration voulue (*Liebig's Annalen*, 1832, t. IV, p. 171).

En 1832, Dœbereiner montra que quand on fait passer un mélange de 2 vol. de gaz sulfureux et d'un vol. d'oxygène sur de la mousse de platine humide il se forme de l'acide sulfurique.

Vers 1833, Kuhlmann, dans son usine de Loos-les-Lille a aussi exécuté des essais en vue de préparer l'acide sulfurique par la combinaison de l'anhydride sulfureux avec l'oxygène de l'air sous l'influence de l'éponge de platine. Mais les propriétés catalytiques de l'éponge vont en s'atténuant avec le temps, de sorte que ses essais ne furent pas satisfaisants.

L'étude des substances pouvant convenir comme substances de contact fut longuement poursuivie. C'est ainsi que Wœhler et Mahla ont opéré avec des oxydes de cuivre, de fer et de chrome, et paraissent avoir obtenu d'assez bons résultats avec les deux derniers oxydes. Cette réaction fut reprise par la *Verein chemischer Fabriken*, de Mannheim, ainsi que nous le verrons plus tard. De son côté Plattner a choisi du quartz broyé, mais a dû y renoncer par suite de la lenteur de la réaction. En opérant avec du verre pulvérisé, Magnus, en 1832, avait observé qu'il jouissait de la même propriété.

Winckler fit une étude définitive sur ce sujet, ses essais étant faits dans le but de préparer l'acide sulfurique fumant, et non l'acide sulfurique ordinaire; la substance se compose d'un support inerte, amiante ou ponce, recouvert d'un dépôt du métal actif. MM. Messel et Squire employèrent au même moment, en Angleterre, de la ponce platinée et de l'asbeste platiné, sur lesquels ils faisaient arriver (brevet allemand 4.566) un mélange préalablement desséché d'acide sulfureux et d'oxygène, obtenu par la décomposition au rouge de l'acide sulfurique, décomposition dont Winckler se servit également.

Cette réaction a été utilisée en 1867 par Debray pour la préparation de l'oxygène ; il décomposait l'acide sulfurique dans un tube de platine ; mais ce procédé ne put être appliqué. Parmi les difficultés à surmonter dans le procédé Winckler, Debray, en 1878, a signalé l'action des gaz chauffés à haute température sur tous les métaux ; il a donc fallu imaginer différents revêtements pour prolonger la durée des cornues de décomposition du procédé Winckler.

Différents brevets ont été pris dans la suite, pour réaliser, avec des appareils divers, le procédé

Winckler. Ce dernier étudie la synthèse par l'acide sulfureux et l'oxygène en présence d'une substance de contact et les rendements en acide sulfurique anhydre suivant la dilution de l'acide sulfureux dans un mélange gazeux. Il utilise ainsi la décomposition au rouge vif de l'acide sulfurique en acide sulfureux, oxygène et vapeur d'eau : l'acide sulfurique perd son eau de composition et il est transformé en acide sulfurique anhydre ; les grandes difficultés pratiques pour réaliser en grand ce procédé sont surmontées. Winckler cherche à utiliser le gaz provenant du grillage des pyrites.

Les travaux originaux de Winckler sont décrits dans le *Dingl. polyt. Journ.* 1881, p. 218 et dans le *Wagner's Jahresberichte*, 1875, p 226.

La fabrication de l'acide sulfurique fumant n'entra dans le domaine de la pratique qu'à partir du jour où la *Badische Anilin und Soda Fabrik*, avec les puissants moyens dont elle dispose, entreprit une étude minutieuse et systématique des conditions chimiques et physiques les plus favorables à la combinaison des gaz réagissants. Ce procédé tenu secret pendant longtemps, ne fut livré à la publicité qu'à la suite d'indiscrétions commises au préjudice de la Société, qui chercha ensuite à se protéger par la demande d'une série de brevets.

A la Société Badoise, la fabrication comporte trois opérations principales :

1° Traitement préliminaire du mélange des gaz à mettre en œuvre ;

2° Réglage des conditions de température pendant la combinaison ;

3° Disposition ou arrangement de la substance de contact pour ne pas avoir une pression exagérée.

I. Traitement préliminaire du mélange des gaz (1)

1. *Impuretés des gaz.* — On sait depuis longtemps que les gaz provenant du grillage des pyrites renferment, outre de petites quantités d'acide sulfurique et d'anhydride sulfurique, d'autres impuretés parmi lesquelles nous signalerons le soufre, le fer, le manganèse, le cuivre, l'arsenic, l'antimoine, le phosphore, le mercure, le plomb, le zinc, le bismuth, le thallium, le sélénium et leurs composés. Les effets de ces impuretés sont de différentes sortes : dans certains cas, l'acide sulfurique peut attaquer le plomb et le fer des appareils et gêner le mécanisme des opérations. Il entraîne de plus les poussières dans l'appareil catalytique, et encrasse par suite la substance de contact.

Parmi ces impuretés, on a reconnu que l'arsenic, le plomb et le mercure avaient une influence particulièrement nuisible sur cette substance, et la mettaient hors d'usage au bout de peu de temps.

2. *Purification des gaz.* — Pour effectuer la purification, on lance un jet d'air ou de gaz déjà purifié, puis un jet de vapeur dans les gaz chauds, au moment de leur sortie des fours à pyrite. Cette

(1) *Revue générale des sciences pures et appliquées*, 12ᵉ année, n° 4.

opération a pour effet de brasser la masse gazeuse et d'assurer une combustion parfaite du soufre et de toute matière combustible.

L'injection de la vapeur en plusieurs fois a des effets très importants : elle dilue l'acide sulfurique et empêche ainsi l'attaque de l'appareil réfrigérant (qui est en plomb ou en fer) ; elle s'oppose en outre à la formation de dépôts de la matière incrustante que l'acide sulfurique forme avec les poussières solides, lors du refroidissement des gaz non mélangés de vapeur. L'encrassement des conduites est ainsi évité, car les impuretés se rassemblent sous forme de boues faciles à enlever. Elle empêche enfin la formation d'hydrogène arsénié et d'hydrogène phosphoré volatils, qui peuvent résulter de l'attaque des parties métalliques par l'acide sulfurique concentré,

3. *Refroidissement graduel des gaz.* — Après ce traitement, les gaz traversent un tuyau en fer ou en briques dans lequel ils commencent à se refroidir, puis ils s'écoulent dans un système de tuyaux en plomb qui achèvent de les refroidir à 100° environ et même au dessous.

4. *Lavage.* — Ils traversent ensuite des tours d'arrosage ou barbottent dans une série de laveurs contenant soit de l'eau seulement, soit de l'eau acidulée, soit enfin dans une solution de bisulfite de soude, pour de là se dessécher dans un appareil à acide sulfurique concentré ou dans un autre système desséchant.

Pour construire les laveurs, il convient d'éviter l'emploi de matières qui soient susceptibles de produire sous l'influence de l'acide sulfurique, des gaz comme l'hydrogène arsénié ou l'hydrogène phosphoré. Le lavage des gaz est enfin facilité par une aspiration convenable.

5. *Examen des gaz.* — Avant d'entrer dans l'appareil de contact, les gaz sont soumis :

1° A un essai optique ;

2° A une analyse chimique pour s'assurer de l'absence d'arsenic, de phosphore, de mercure, etc.

L'essai optique consiste à examiner une colonne de plusieurs mètres de long et éclairée à une de ses extrémités. Bien lavés, les gaz deviennent transparents et absolument exempts de brouillards.

L'examen chimique s'effectue en faisant barboter pendant 24 heures une dérivation des gaz épurés dans un flacon laveur renfermant de l'eau distillée ; on cherche ensuite, dans cette eau, les impuretés par les méthodes analytiques connues (appareil de Marsh).

II. Règlage des conditions de température pendant la combinaison

Nous savons que la combinaison de l'anhydride sulfureux avec l'oxygène est une réaction endothermique, et que la chaleur dégagée est :

$$SO^2 + O = SO^3 + 32.2 \text{ cal.}$$

Mais la combinaison de ces gaz n'a lieu qu'à une température relativement élevée, en sorte qu'on doit chauffer préalablement les deux gaz, ou l'un d'eux au moins. Pendant la réaction, la chaleur dégagée s'ajoute à la chaleur primitive, en sorte que la température s'élève très haut et atteint parfois le rouge blanc, si le mélange est très riche en gaz ou le courant assez rapide.

Cette énorme chaleur et cette température élevée nuisait à la fabrication pratique de SO^3. Les préjudices qui en résultent sont de diverse nature :

1° Les appareils en fer sont rapidement oxydés ;

2° L'action de la substance catalytique est affaiblie ;

3° La capacité de production des appareils s'en trouve amoindrie ;

4° Et, avant tout, la réaction, qui devait être presque quantitative est beaucoup moins parfaite.

La surélévation de température est surtout nuisible si l'appareil est tel que les gaz contenant SO^3 quittent la substance catalytique au point le plus chaud. La réaction inverse de SO^3 en $SO^2 + O$ se produit d'autant plus facilement que la température est plus élevée, et celle-ci s'élève d'autant plus que la quantité de gaz qui passe par l'appareil catalytique est plus grande, ou que les gaz sont plus concentrés. Il en résulte que la conversion de $SO^2 + O$ en SO^3 est limitée par la réaction inverse et les gaz, au sortir de l'appareil catalytique renferment SO^2. Ainsi, dans les procédés par contact employés jusqu'alors, on ne réalisait la combinaison en SO^3 que d'une partie du mélange de $SO^2 + O$. Une notable proportion des gaz réagissant non non combinés était utilisée pour produire de l'acide sulfurique par le procédé des chambres, ou pour fabriquer du bisulfite de soude, etc...

On peut éviter cette dissociation partielle en refroidissant d'une manière régulière l'appareil, afin d'enlever tout excès de chaleur en sorte que la température obtenue fournit des résultats quantitatifs quelles que soient la quantité et la concentration des gaz employés. Après l'absorption de l'anhydride sulfurique formé, les gaz ne renferment plus que des traces d'acide sulfureux et peuvent être déversés sans inconvénient dans l'atmosphère. Le rendement est en tous points comparable à celui obtenu dans les chambres. En outre, les appareils durent plus longtemps et travaillent mieux par suite de l'abaissement de température. Le refroidissement de l'appareil de contact a pour but de la maintenir dans la zone de température la plus favorable, et s'effectue à l'aide de bains de métaux en fusion, dont la température reste constante.

Lorsque les gaz que l'on veut traiter sont utilisés eux-mêmes pour le refroidissement de l'appareil, on en envoie une partie ou la totalité sur la surface extérieure de l'appareil, pour enlever l'excès de chaleur.

Les gaz qui quittent le milieu réfrigérant sont ensuite portés à la température la plus favorable à la marche de la réaction, avant d'être dirigés dans la masse de contact. Sur ce point, il faut tenir compte de la concentration des gaz.

Avant de passer en revue les différentes sortes d'appareils tels qu'ils sont décrits dans les brevets, nous allons donner un procédé de préparation de l'amiante platinée. On imbibe de l'amiante bien effilochée avec une solution de chlorure de platine rendue légèrement alcaline par l'addition de carbonate de soude, on ajoute du formiate de soude et on chauffe. Quand la réduction est terminée, on lave la masse jusqu'à ce qu'elle ne renferme plus de matières salines, et on sèche.

III. Disposition des appareils

Dans la figure 1, M représente une pièce de maçonnerie ou un tuyau de fer dans lequel est placé le conduit R. Ce dernier est composé de deux parties *a* et *b* destinées à différentes fonctions et pouvant posséder des diamètres et des longueurs différentes : une d'elles peut être aussi remplacée par un certains nombre de conduits plus étroits. La partie *b* des conduits R reçoit la masse de contact refroidie par l'air froid entrant par *n* dans le tuyau extérieur. L'autre partie *a* du conduit R a pour but de porter le gaz contenant l'acide sulfureux et arrivant par D à la température nécessaire à la réaction.

Au commencement de l'opération tout l'appareil est porté par le chauffage *hh'* (par exemple un chauffage à gaz) à la température nécessaire à la réaction. Cette dernière une fois commencée, on n'a plus besoin de chauffer si l'on travaille avec des gaz concentrés parce que l'air, chauffé par la masse de contact, transporté en *a* est à une température suffisamment élevée pour empêcher la zone de la réaction de reculer ou de s'éteindre.

Par les ouvertures d'issue mobiles LL, le cou-

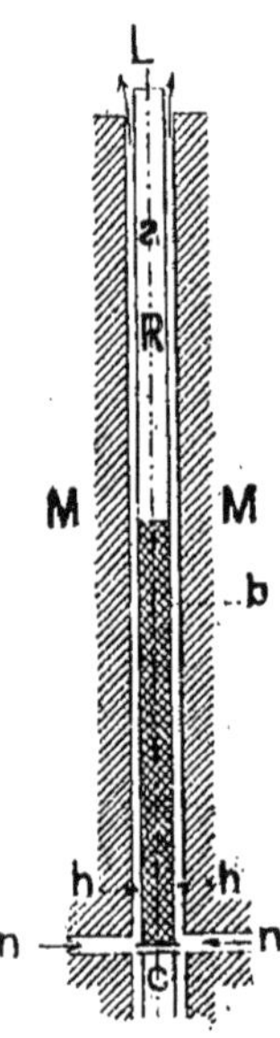

Fig. 1

Schéma des conduits dans un appareil par contact. M pièce de maçonnerie ou tuyau de fer ; R conduit ; *a* partie où le gaz sulfureux se réchauffe ; *b* partie contenant la masse de contact ; *hh* chauffage ; *n* arrivée de l'air froid ; L sortie de l'air ; *c* sortie de SO^3.

rant d'air peut être réglé, de manière à communiquer à la masse catalytique la température nécessaire à la réaction.

Quand on travaille avec des gaz plus faibles, l'air qui s'échauffe en jouant le rôle de refroidissant, est chauffé en outre par le chauffage *hh'* de manière à communiquer aussi aux gaz qui arrivent par *a* une température plus élevée.

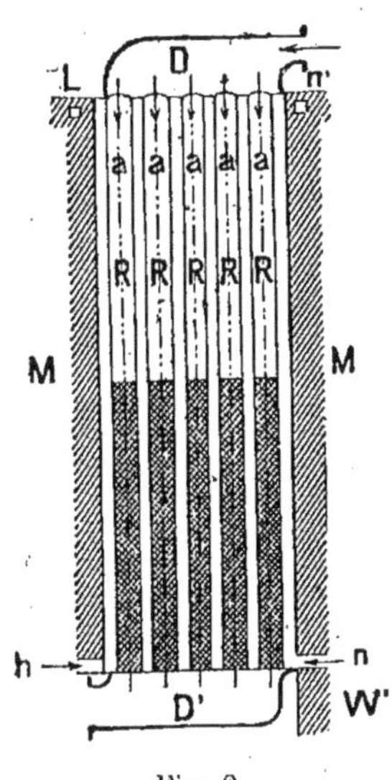

Fig. 2

Appareil par contact à plusieurs conduits. Les lettres communes ont la même signification que dans la figure 1 ; DD' couvercles ; WW' parois.

Si les gaz à travailler sont encore plus faibles, il peut devenir nécessaire de chauffer préalablement et d'une manière durable l'air arrivant en *n*, ce qu'on peut faire par le chauffage *hh'* ou de toute autre manière.

Les gaz sortant de l'espace de contact *b* et contenant SO^3, quittent par le conduit *c* l'appareil catalytique pour le travail ultérieur. Dans la

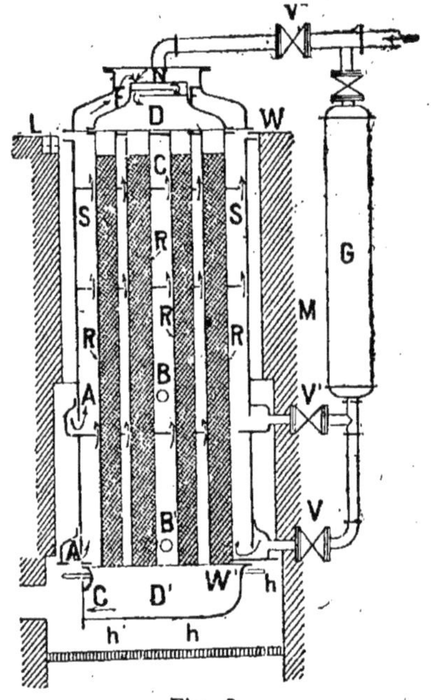

Fig. 3

Appareil de contact à plusieurs conduits. AA' arrivée des gaz; BB' tuyaux traversant diamétralement l'appareil et facilitant la distribution du mélange gazeux; C parois mitoyennes forçant les gaz à passer près des conduits R pour refroidir la masse catalytique.

figure 2 est représenté un appareil avec un certain nombre de conduit des contact RR qui communiquent entre eux par les deux parois WW' et les couvercles DD'.

Examinons une autre disposition d'appareils : Dans la pièce de maçonnerie M est installé un tuyau qui contient entre les deux parois WW' le conduit R. Pour la mise en marche, l'appareil est porté à la température de réaction par un chauffage que les gaz chauffants peuvent quitter par des canaux. On laisse entrer le gaz à travailler, dont la température peut encore être réglée par chauffage, dans l'espace du tuyau où il refroidit la masse catalytique dans R : de là, le gaz se dirige vers l'endroit où se fait le mélange des gaz et ensuite dans la masse catalytique du conduit R.

Ces appareils peuvent être modifiés à leur tour, de manière à réunir un certain nombre de conduits en un seul appareil. Parmi les diverses formes d'application, celle par exemple représentée par la figure 3, est très avantageuse en pratique.

On a trouvé, en effet, qu'en travaillant avec de gros appareils ayant un grand nombre de conduits, il est préférable de distribuer convenablement le courant gazeux dans le tuyau S. Ceci est fait d'abort par toute l'enceinte du tuyau S, ensuite par les tuyaux BB' qui traversent diamétralement l'appareil, et en raison de la longueur des cordes des arcs correspondants, possèdent des trous latéraux de différentes dimensions, par lesquels le gaz subit une distribution homogène à l'intérieur même du corps de tuyau.

Pour que le gaz refroidissant puisse suivre la même direction durant son chemin ultérieur et passer en même temps le plus près de la masse catalytique à refroidir, on établit à des distances pas trop éloignées, un certain nombre de parois mitoyennes CC, qui se dressent dans S, de manière

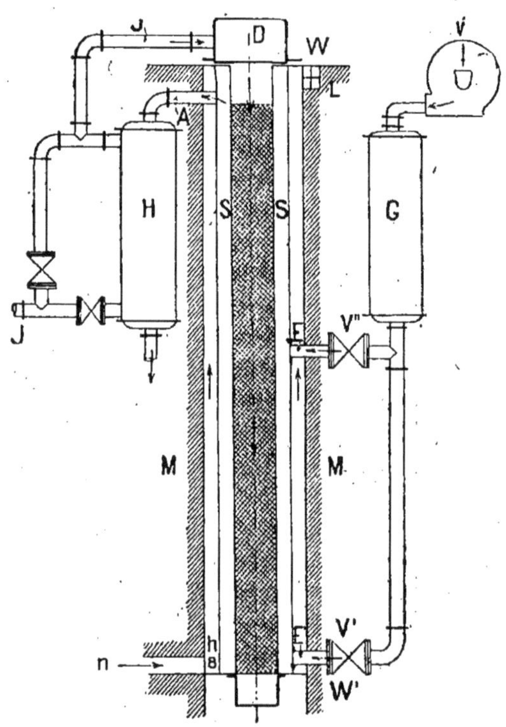

Fig. 4

Appareil par contact dans lequel la masse catalytique est refroidie par un gaz autre que celui à travailler. Mêmes lettres que précédemment. A sortie du gaz étranger qui peut communiquer sa chaleur dans H aux gaz.

à laisser au courant gazeux un passage libre tout près des parois des conduits RR.

Il est encore avantageux de bien mélanger les gaz avant leur entrée dans la masse catalytique afin d'en égaliser la température. L'appareil mélangeur N, établi au-dessus du couvercle D sert à ce but en mélangeant convenablement le gaz arrivant de O, F et J pour se diriger vers D et R.

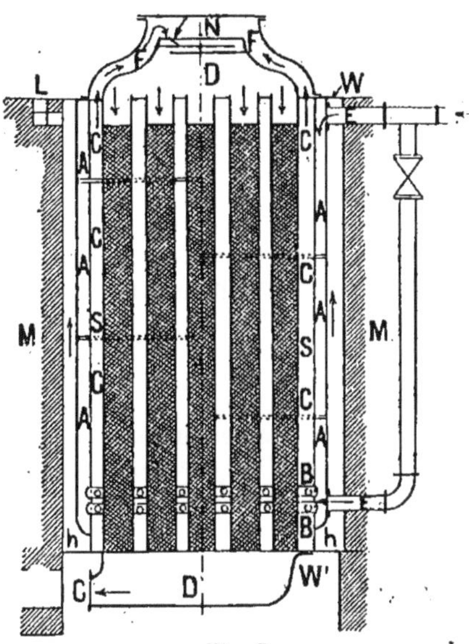

Fig. 5

Autre disposition d'appareil par contact. Les chambres de distribution A sont étendues à toute la surface du tuyau S. Mêmes lettres que précédemment.

L'intensité et la température du courant réfrigérant sont convenablement réglés suivant les indications des thermomètres se trouvant dans les différentes parties des appareils, notamment dans

dans D et D' jusqu'à ce que les analyses du gaz entrant et sortant donnent des meilleurs résultats pratiques.

Les chambres de distribution du gaz AA' peuvent être étendues sur toute la surface du tuyau S, comme le montre la figure 4. La chaleur rayonnante de l'appareil lui-même peut alors servir à règler la température des gaz entrants.

Au lieu des gaz mêmes à travailler on peut se servir d'air ou d'un autre gaz comme réfrigérant si, par exemple, on fait refluer le courant réfrigérant (fig. 5) à l'aide d'un ventilateur V par G et EE', etc., vers S. Le courant gazeux refroidit alors le conduit R et quitte le tuyau S par A, naturellement sans être ensuite dirigé vers D.

La chaleur accumulée dans l'air (gaz) sortant peut être évidemment utilisée, par exemple, en la transportant sur les gaz affluents à travailler à l'aide d'un appareil H approprié.

Dans les figures 6 et 7 se trouve une autre forme d'application typique de ce procédé. Elle sert surtout à travailler les gaz concentrés. Le gaz arrivant par E est dirigé par FF' vers la partie la plus chaude P de la masse catalytique dans R. La partie relativement la plus froide arrive alors à l'endroit le plus chaud de la masse de contact et la refroidit énergiquement. Le courant réfrigérant peut quitter S soit par A ou A', ainsi que par B ou B', ou par B et B' pour être dirigé directement par O vers D ou par le réfrigérateur H vers D, ainsi que par O et H vers D avec une température réglée. On peut aussi diriger une partie du gaz à travailler directement par J vers D.

Les autres dispositions pour la distribution, la direction et le mélange des gaz, sont semblables à celles décrites par l'exemple 2.

Ici encore, la distribution des courants gazeux peut se régler suivant les analyses du gaz et les indications des thermomètres.

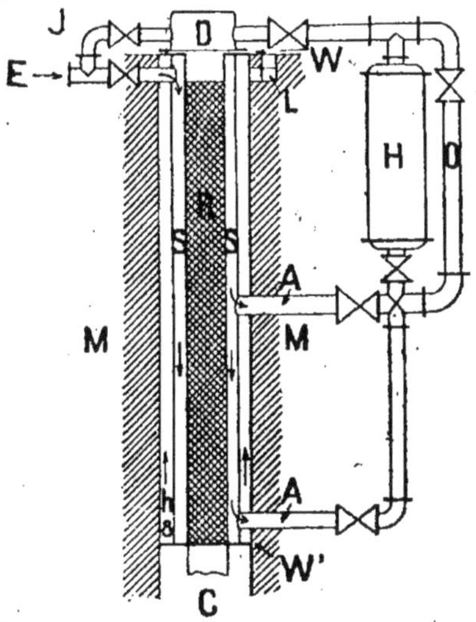

Fig. 6
Schéma d'un conduit de l'appareil

Au lieu des gaz à travailler, on peut ici se servir également d'air ou d'un autre gaz comme réfrigérant, ce qui se recommande surtout quand on travaille avec des gaz fort concentrés, parce que le volume et la masse de ces derniers sont relativement petits, de sorte qu'ils ne peuvent pas suffire au refroidissement. Un appareil servant à ce but est représenté dans la figure 8. A l'aide d'un ventilateur V'''' actionné électriquement le courant

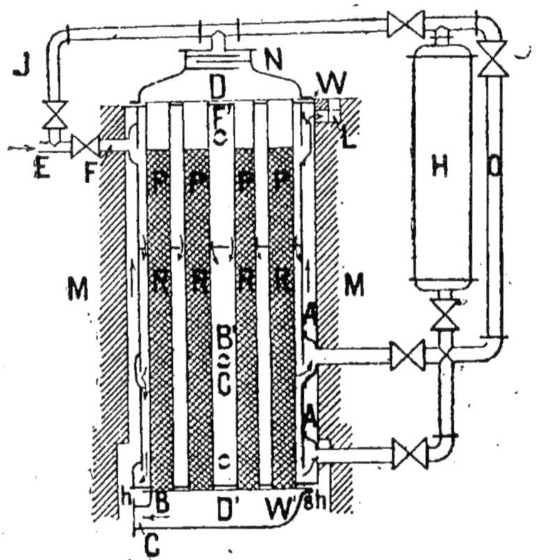

Fig. 7
Appareil à plusieurs conduits

Fig. 6 et 7. — Appareil par contact pour travailler les gaz concentrés ; E entrée des gaz ; FF arrivée des gaz vers la partie P la plus chaude de la masse de contact ; S tuyau de passage des gaz ; AA', BB' sortie des gaz vers le tuyau O ou vers l'appareil réfrigérateur H ; J dérivation des gaz entrés par E allant directement vers l'espace D où se fait le mélange avec les gaz ayant traversé l'appareil et venant de O. Les autres lettres ont la même signification que précédemment.

d'air (ou gazeux) réfrigérant est soufflé sur la partie la plus chaude P de la masse catalytique, passe par S, où il refroidit la masse de contact et quitte l'appareil par A ou A', etc. La chaleur qu'il emporte peut être utilisée d'une manière quelconque, par exemple en se servant pour chauffer préalablement dans l'appareil de chauffage H, les gaz à

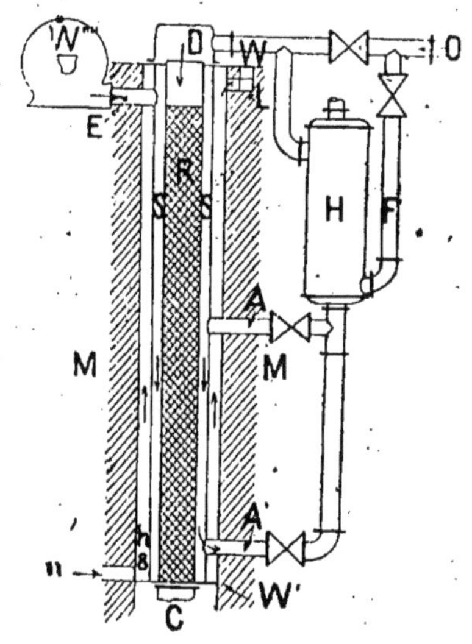

Fig. 8

Appareil par contact pour les gaz concentrés dans lequel la masse catalytique est refroidie par un autre gaz que les gaz à travailler; E arrivée du gaz étranger envoyé par le ventilateur V''''; AA' sortie de ce gaz qui peut céder sa chaleur en H aux gaz à travailler. Mêmes lettres que précédemment.

travailler introduits par F, au point d'empêcher le recul de la zone de réaction P.

Dans une pièce de maçonnerie ou dans un tuyau M (fig. 9 et 11) sont établis dans une paroi W, un seul ou plusieurs conduits SSS, entre lesquels se dressent un seul ou plusieurs conduits RRR, également établis dans une paroi W. Si l'appareil est construit avec plusieurs conduits (fig. 10) les conduits S sont séparés de ceux désignés par R par un réservoir K (en forme de caisson) dont l'intérieur

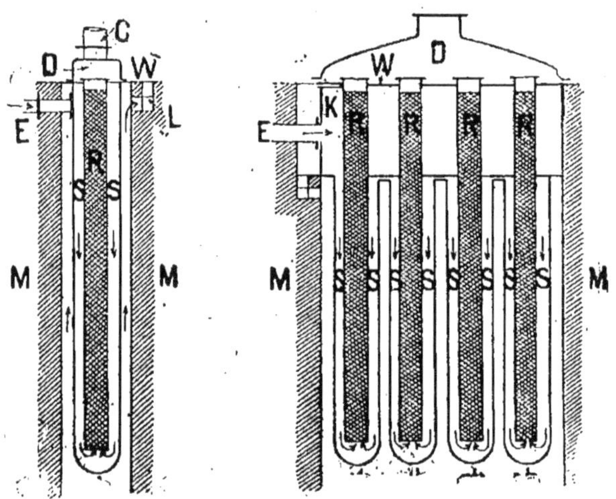

Fig. 9
Appareil à un seul conduit

Fig. 10
Appareil à plusieurs conduits

Fig. 9 et 10. — Autre dispositif d'appareil par contact. Mêmes lettres que précédemment. K réservoir en forme de caisson facilitant la distribution des gaz affluents.

est destiné à distribuer les gaz affluents. Ces derniers passent entre les conduits R et S, et refroidissent la masse catalytique dans R. Suivant la concentration des gaz, les conduits peuvent être chauffés par le chauffage *h* ou refroidis par un courant d'air réglagle dans L. Les gaz convertis quittent l'appareil par D et C. Pour la mise en pratique les dimensions indiquées dans la figure sont à recommander. Néanmoins, les diamètres (ainsi que la longueur des conduits) peuvent subir des variations dans de vastes limites.

On a décrit, dans les exemples précédents plusieurs formes d'application du nouveau procédé.

Nous allons encore montrer, dans un exemple concret, comment il faut opérer pour arriver au résultat le plus favorable possible.

Dans ce but, nous admettons le cas où il faudrait travailler un mélange gazeux contenant environ 12 0/0 en volume de SO^2 et la même quantité d'oxygène.

On chauffe d'abord l'appareil par le chauffage *h* par exemple le chauffage à gaz fig. 3) jusqu'à ce qu'un thermomètre dans le couvercle de dessus D marque la température d'environ 300° C, après quoi on fait entrer tout le courant gazeux par A dans l'appareil. En dosant par des analyses consécutives SO^2 des gaz entrants et sortants, on constate l'effet pratique des conditions données et l'on règle en conséquence la température à l'intérieur de l'appareil de contact. On y arrive en orientant l'intensité et la température du courant réfrigérant à l'aide des soupapes V, V' et V'', et si cela est nécessaire du chauffeur G, de manière à amener la transformation la plus favorable de SO^2 en SO^3.

Dans le cas admis ci-dessus, on y parvient en faisant entrer dans D environ 2/3 du courant gazeux total par A et 1/3 par V'' (fig. 3). La température dans D égalisée par le mélangeur N est alors d'environ 380° C, tandis que le thermomètre dans D' marque 234° C (fig. 3). Dans ce cas concret, la transformation est de 96 98 0/0 de la possibilité théorique, ce qui équivaut à une production de 48-50 kg. de SO^3 en 24 h. : elle peut monter à 99 0/0 si l'on charge moins l'appareil de manière à prolonger le contact entre le gaz et la masse catalytique.

Un dernier perfectionnement introduit par la Société badoise consiste à éviter l'excès de pression nécessaire, dans les appareils précédents, pour forcer les gaz à circuler à travers la masse de contact. Dans ces appareils, on place l'amiante platiné dans des tubes plats ; aussi faut-il, pour forcer les gaz à les traverser, une si forte pression que l'on doit recourir à une pompe. En outre, il est dit aussi que sous pression les gaz se combinent mieux, et les brevets qui précèdent sont libellés dans ce sens. Mais la Société a trouvé que l'avantage obtenu en travaillant sous pression est plus que compensé par l'augmentation des dépenses. Elle a cherché à ne pas dépasser la pression atmosphérique et, grâce au moyen qu'elle a employé, toute pression disparaît dans les tubes de contact et, par suite, les frais de compression sont réduits au minimum.

En consultant les figures 11 et 12 qui accompagnent le brevet, on voit que les tubes R, qui renferment la substance de contact, sont divisés en un grand nombre de compartiments à l'aide de plaques perforées au tamis. Sur chaque plaque on met la substance de contact, de manière à recouvrir les trous ou les mailles, et sur la partie annulaire entre le tube et le bord de la plaque. Le principe de l'appareil est tel que la pression exercée sur une couche de substance catalytique ne se transmet pas aux suivantes, et, de plus, les couches sont disposées de telle manière que les gaz doivent passer forcément à travers la mousse de contact.

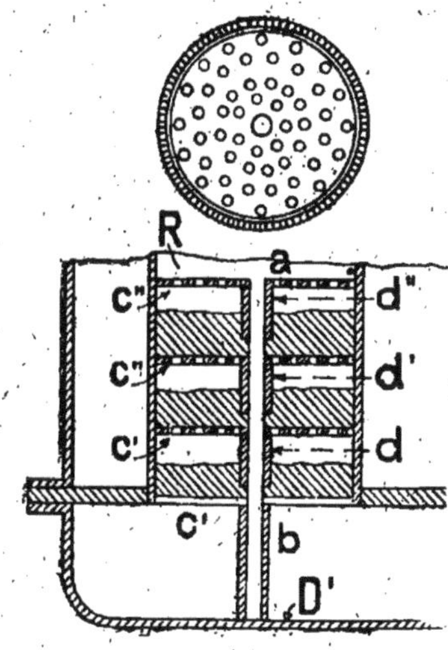

Fig. 11

Une tringle de fer *a* est fixée dans la partie D' et passe au milieu du tube R. On enfile un tube court *b* sur lequel repose une première couche de substance de contact disposée sur une plaque perforée ou grille, qui est recouverte également conformément aux indications précédentes. Sur cette plaque, on met un collier ou un tube court *d*, puis une autre plaque perforée et ainsi de suite. La pression supportée par la couche de substance catalytique se transmet aux plaques, et de celles-ci aux tubes, et la substance catalytique en est soulagée d'autant.

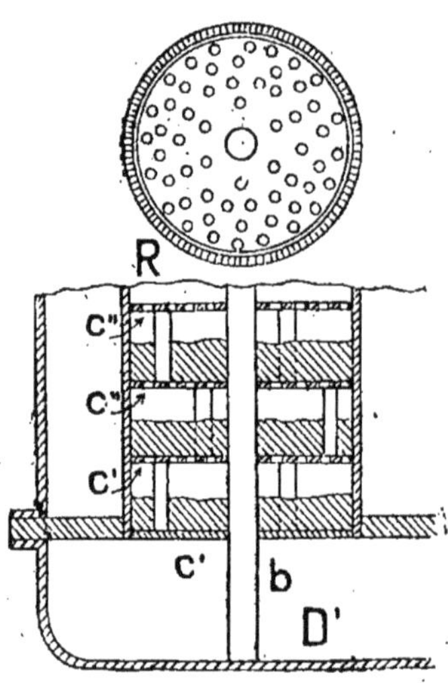

Fig. 12

Fig. 11 et 12. — Disposition intérieure des tubes renfermant la substance de contact. *a*, tringle de fer fixée sur le fond D' *b* tube court portant une 1re plaque perforée C' recouverte de la substance. *dd'd"*, tubes annulaires ou trépieds supportant les plaques suivantes *c'c"c'''*.

Cette disposition des couches offre de plus en plus l'avantage de mélanger à chaque fois les gaz, en sorte que leur température s'égalise et que l'effet réfrigérant décrit dans les brevets précédents est augmenté. D'autres moyens peuvent être employés, mais le principe établi est le même. On peut se servir, comme l'indique la figure 12 des trépieds (*d*, *d' d''*) pour soutenir les plaques, au lieu de la tringle centrale et des petits colliers comme dans la figure 11.

Pour éviter l'agglomération de la substance catalytique et, par suite, l'augmentation de pression, il importe avant tout, quelque soit le procédé employé, de ne pas empêcher le refroidissement régulier qui est une des causes de réussite.

Dans ce qui précède, nous avons donné dans leur texte intégral l'ensemble des brevets qu'a pris la Société badoise pour cette nouvelle fabrication.

En résumé, les points importants à retenir sont les suivants :

1° Préparation de la masse du contact qui paraît être de l'amiante platiné ;

2° Purification rigoureuse des gaz réagissants ;

3° Maintien de la température de ces gaz à l'intérieur des chambres, de telle façon qu'elle soit intermédiaire entre la température nécessaire à la formation de SO^3, et celle à laquelle ce corps se dissocie.

D'autres brevets ont été pris pour la fabrication de l'acide sulfurique par la méthode de contact, mais à part ceux pris par la Compagnie parisienne des couleurs d'aniline (brevet français 275.927 et brevets allemands et anglais), aucun de ces procédés, ne semble être en mesure de rivaliser avec celui que nous venons de décrire.

A citer cependant le procédé de MM. Raynaud et

Pierson (Br. 303.014) dont les principaux points sont les suivants :

1° Préparation de SO^2 par le procédé Winckler ou par combustion de soufre ou de sulfures ;

2° Purification de SO^2 par l'action d'une pression de 10 atm. suivie d'une détente brusque, ou en faisant agir des agents condensant les gaz, tels que le kieselgiehr ou autres corps naturels ou artificiels, ou bien par un procédé chimique ;

3° Le corps catalytique est formé d'oxydes artificiels (*Ta. Ti. Tu. Va. Ni. Si. Zr. Mo*) chargés de noir de platine ;

4° On chauffe entre 300-700° C pour produire la catalyse et l'on règle la température en entourant la masse catalytique d'une substance bouillant à haute température comme la paraffine ;

5° On condense ensuite les gaz dans des chambres de condensation refroidies ; enfin on enlève SO^3 en réchauffant les chambres pour le faire fondre.

On a cherché à utiliser d'autres substances de contact comme le peroxyde de fer provenant du grillage des pyrites, ou le sexquioxyde de chrome (Br. français 280.393 ; Br. anglais 17.266 ; Br. allemands 107.995, 108.446 de la *Verein Chemischer Fabriken*, à Mannheim).

EUGÈNE PETITGOUT

Ingénieur-Chimiste.

Laval. — Imprimerie L. BARNÉOUD & Cie

LIBRAIRIE BERNARD TIGNOL, 53 bis, QUAI DES GRANDS-AUGUSTINS. — PARIS

Envoi franco, joindre un mandat-poste à la demande.

ÉLECTRICITÉ

Accumulateurs électriques, par F. CACHEUX [50 figures] ... 4 »
Câbles d'éclairage électrique, par St. A. RUSSEL ... 6 »
Catéchisme d'électricité pratique, par ST-EDME ... 2 50
Compteurs d'électricité, par E. COUSTET [56 fig.] ... 2 50
Dynamo-électriques [Les machines] par P. CLÉMENCEAU [116 fig.] ... 5 »
Electrolyse et Electrométallurgie, par JAPING [46 fig.] ... 4 50
Electricité [l'] **dans la maison moderne** [185 fig.] par COUSTET ... 4 50
Galvanoplastie, dorure, argenture, par BRUNEL ... 4 »
Horlogerie électrique, par TOBLER [65 fig.] 3 »
Ingénieur électricien [Aide-Mémoire de l'] par JUPPONT, cart. ... 6 »
Lampes électriques, par D'URBANITZSKY .. 4 50
Lumière électrique [Manuel pratique de l'installation de la] par ANNEY, 2 vol. :
Installations privées [135 fig.] ... 5 »
Stations centrales [99 fig. et 10 pl.] ... 7 »
Monteur électricien, [Manuel pratique du] par P. LAFFARGUE [500 fig. et pl. en couleurs], cart. ... 9 »
Piles électriques, par HAUCK [80 fig.] ... 4 50
Sonneries électriques, par G. FOURNIER [59 fig.] ... 2 50
Téléphone [Manuel pratique du] 2 vol. :
Installations privées par SCHWARTZE [135 fig.] ... 5 »
Téléphonie industrielle à grande distance, par WIETLISBACH [123 fig.] .. 4 »
Transport de la force par l'électricité, par DEPREZ [49 fig.] ... 5 »

INDUSTRIES-ARTS-ET-MÉTIERS

Acétylène [L'] par DOMMER [140 fig.] ... 4 50
Aérostation [Manuel d'] par de FONVIELLE 5 »
Agriculture — Petite encyclopédie d'Agriculture publiée sous la direction de M. A. LARBALÉTRIER. 12 vol. ... 18 »
Les engrais 1,50. Drainage des terres 1,50. Elevage du bétail 1,50. Jardinage pratique [fleurs et légumes] 1,50 — Lait, beurre et fromage 3 fr. — Céréales et fourrages 1,50. — Arbres fruitiers et Vigne 3 fr. — Cidre et poiré 1.50. — Volailles, lapins, abeilles 1,50 — Machines agricoles, constructions rurales 3 fr. — Distilleries agricoles (alcool) 3 fr. — Conservation des aliments 3 fr.
Aluminium par Ad. MINET. 2 vol. :
Fabrication [38 fig.] ... 4 50
Alliages, emplois récents ... 4 50
Ammoniaque [Fabrication de l'] par TRUCHOT ... 6 »
Architectes et Entrepreneurs [Carnet Formulaire des] par C. SÉE, cart. ... 4 50
Arpentage et Levé de Plans, par DALLET [73 figures] ... 4 »
Automobiles [Manuel du chauffeur-conducteur d'] par FARMAN ... 3 »
Automobiles (Manuel du constructeur d') par M. FARMAN, in-16 et atlas in-4 ... 9 »
Bière [Fabrication de la] par BOULIN [17 fig. et 1 pl.] ... 9 »
Bois [Conservation des] par P. DUMESNY ... 1 50
Bougies, Savons et Chandelles, par DROUX et LARUE, in-8 et atlas, cart. ... 20 »
Briquetier, Tuilier, par LEJEUNE [219 fig.]. 8 »
Catéchisme des Chauffeurs-Mécaniciens ... 1 50
Chaux, Ciments Plâtres, par LEJEUNE [59 figures] ... 5 »
Chocolat [Fabrication du], par L. DE BELFORT [45 figures] ... 4 50
Cordes, Ficelles et Filins [Fabrication des] par Alf. RENOUARD [44 figures] ... 10 »
Principes de Chimie par MENDÉLÉEF [2 vol. cart. toile] ... 15 »
Corps gras, par VILLON [23 figures] ... 6 »
Couleurs, Essences et Vernis, par R. LEMOINE et Ch. du MANOIR in-8 ... 6 »
Distillateur [Manuel du], par ROBINET ... 5 »
Eaux [Analyse des], par FABRE DOMERGUE [10 figures] ... 1 50
Encres et cirages [Fabrication des], par DESMAREST ... 5 »
Filets de pêche [Fabrication des], par VANNETELLE [65 figures] ... 3 »
Géodésie, par DALLET ... 4 »
Graissage des Machines, par THURSTON 4 »
Ingénieur [Carnet formulaire de l'] par LACROIX, 52e édition, cart. ... 5 »
Laminage du fer, par NEVEU et HENRY [1 vol. et atlas] ... 40 »
Matières colorantes artificielles, par MAMY ... 1 50
Meunerie [Manuel de], par L. DE BELFORT [58 figures] ... 6 »
Or, par DE LA COUX ... 5 »
Parfumeur [Guide du] par ASKINSON [30 fig.] 6 »
Photographie [Encyclopédie de l'amateur photographe], par G. Brunel, Reyner Chaux et Forest. 10 volumes in-16 ... 20 »
Choix du Matériel, Le Sujet, Temps de pose, Clichés négatifs, Epreuves positives, Insuccès et Retouche, Photographie en plein air, Portrait dans les appartements, Photographie en couleurs. Agrandissements et projections. Objectifs et stéréoscopie.
Chaque volume se vend séparément ... 2 »
Savonnier [Manuel du] par CALMELS [76 fig.] 4 »
Soie [Fabrication de la] par VILLON [67 fig.] 6 »
Sondages [Petit traité de] par E. LIPPMANN 4 50
Sucre [Manuel du Fabricant de], par BOULIN [30 figures] ... 6 »
Teinturier [Manuel pratique du] par J. HUMMEL et F. DOMMER [80 figures] ... 7 50
Vinaigre [Manuel de la Fabrication du] par Ch. FRANCHE [29 fig.] ... 4 50
Vins rouges, vins blancs, etc., par ROBINET [50 figures] ... 5 »
Vins mousseux, par ROBINET [56 figures] .. 5 »
Vins, Analyse [des], par ROBINET [36 fig.] 5 »

LAVAL. — IMPRIMERIE PARISIENNE L. BARNÉOUD & Cie

www.ingramcontent.com/pod-product-compliance
Ingram Content Group UK Ltd.
Pitfield, Milton Keynes, MK11 3LW, UK
UKHW022143260726
13993UKWH00005B/2125